遊戲是沒有目的的教育，
聰明，是玩出來的！

玩出無限潛力的
0-3歲 五感遊戲書

日本最強部落客媽咪設計的
50個啟蒙刺激，讓孩子越玩越聰明

中山 芳一（監修）

日本能率協会マネジメントセンター

遊戲是沒有目的的教育，
聰明，是玩出來的！

玩出無限潛力的
0-3歲五感遊戲書

受到新冠疫情的影響，很難帶孩子離家前往親子館以及育兒支援機構。此外，居家辦公的家長人數也有增加之下，各個家庭陸續出現像是「如何讓孩子好好度過『居家』生活時光才好呢？」這樣的課題。就算之後生活回復平穩，也很可能需要與過去不同的「居家」生活方式。 既然如此，我們何不積極看待這種環境變化，讓「居家」生活時光更愉快、更充實呢？

有鑑於此，本書從 Instagram 標示「#在家玩耍」、「#在家遊戲」的20多萬則投稿中，嚴選出50個遊戲方法來介紹。這些遊戲都是以3歲以下幼兒為對象，也會列出推薦的年齡階段、從遊戲中獲得的能力、預期的投入程度等以供參考，誠摯希望各位家長能豐富自家的「在家遊戲」時光。

在繼續往下閱讀前，希望您能先理解三個要點。首先，本書對象的0～3歲，可謂奠定3歲後基礎的重要時期，此為蒙特梭利教育「敏感期」最顯著時期，也是孩子不斷從環境吸收感官、運動與語言資訊的重要階段。

其次，對孩子個性形塑最重要的「自尊心」培育，取決於能否在三歲前與父母與身邊大人建立起堅固的依附關係。因此孩子必須確實感受到「做你自己很好」這種被大人接納的感覺。與其用能做得到與不能做到來評價孩子，不如觀察他們喜歡哪個遊戲或是投入在何種遊戲之視角來守護孩子吧。

第三點，所謂「遊戲」意味著你喜歡所有的事情。

倘若我們傾向把遊戲與學習區別開來，但對於熱衷學習的孩子來說，學習也是一種遊戲。我們大人必須注意，不要以孩子能掌握特定能力為目的來遊戲。雖然本書確實有介紹可能掌握的能力，但請作為一個大致目標即可。重視孩子對遊戲「好開心!」、「好想玩!」、「還想再玩!」的心情才是最重要的。

那麼，在介紹完活用本書上的三個要點後，請繼續閱讀下去吧。因各章專欄都有說明遊戲要訣以及家長參與技巧，還請務必參閱。讓孩子享受不用專程外出，在家就能度過愉快的「在家遊戲」時光吧。

監修　中山 芳一

各年齡的特徵

（0、1、2、3歲）

剛出生

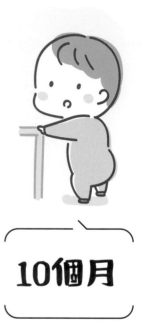

10個月

出生4個月～

對所見所聞感到好奇

出生4～5個後月的寶寶頸部肌肉發展已能支撐頭部後，也開始能自己翻身趴臥仰躺。此外，寶寶也變得喜歡抓握、舔咬，逐漸開始透過五感感知。過了6個月後，寶寶可以用肚子貼地的方式匍匐前進，也開始用眼神、聲音與表情表達自己的需求。到了8個月左右，寶寶因為能區別熟悉的爸爸媽媽與其他人，開始出現「分離焦慮」問題。

出生10個月～

多與他們交談與溝通

這時期寶寶將發展能辨識高度或深度的空間能力，也開始扶物站立或側行，甚至對別人叫他的名字做出反應。寶寶也能說不止一個單字，身邊的大人應用簡單詞彙多跟寶寶交談，有助於寶寶的語言理解。而在這樣的變化過程中，引發寶寶對其他人做的事情感到興趣，這也是開始模仿的時期。

本書是以0歲至1歲以下嬰幼兒，以及一般被稱作幼兒期前半之1～3歲幼兒為對象。0～3歲的寶寶透過日常生活逐漸掌握體力、認知、語言以及與他者互動等技能。在此說明各年齡主要特徵，還請依據寶寶的成長軌跡參考在家遊戲的方法。

1歲幼兒

2歲幼兒

3歲幼兒

1歲幼兒

走一走、說說話，給予寶寶耐心溫柔的支持

有些寶寶開始會走路，手部也開始發展細動作。在言語方面，越來越多寶寶能說出數個單字，從而組成句子。由於寶寶有很多想表達的，卻無法好好說出來，也會變得情緒化。進入1歲後半期後，寶寶的「自我概念」變得明顯，並開始表達「想自己做」的想法。對於1歲兒這樣的特徵，這意味他們很能玩一個人進行的遊戲。

2歲幼兒

遊戲世界擴大，社交技能開始萌芽

寶寶進入2歲後，因為開始發展蹲跳、跳躍、單腳站、變換身體方向等平衡能力，身體活動力也越來越強。此外，藉由像「假扮遊戲」可以一人或兩人來玩，寶寶的遊戲世界也擴大。隨著寶寶能記住一起玩的朋友名字，也開始發展社交技能。

3歲幼兒

充滿求知好奇心，常常問什麼

3歲幼兒身體活動力更加發達，手部已能進行繫繩子等細部精巧的動作。社交能力也更加發展，能夠照順序等候、照顧比自己小的孩子。寶寶的語言能力也提高，能夠回答問題外，還會開始不停提問「為什麼？」，這正是興趣與好奇心日益成長的表現。

本書閱讀注意事項

投入程度

孩子能專注於遊戲多長期間的參考。 ★是指可以享受當下遊戲、★★則是能較為專注進行的遊戲、★★★代表能長時間專注的遊戲。 這是依據能多次重複進行遊戲為標準。

難易程度

這是基於家長的立場，包括採購材料的前置作業與參與程度為標準。 ★能用周遭常見的物品製作，幾乎毋需雙親協助的遊戲當下遊戲、★★有時需要雙親協助的遊戲、★★★需要雙親加入參與的遊戲。

遊戲的要點

遊戲就是「沒有目的的教育」。 當然能透過盡情玩樂來發展能力是最好的 ，在此列出有望能發展的技能以供參考。 家長請不要對「我家的小孩這個技能沒有成長」感到焦躁，確保孩子享受遊戲才是最重要的 。

製作方：要訣

從著手製作遊戲的玩具時 ，遊戲就已經開始了。 製法的「重點」，是向家長說明一些在製作過程中的建議與巧思。

教授在家遊戲方法的 Instagram 達人們

本書邀請了 8 位在 Isntagram 分享如何在家製作簡單遊戲的達人們，
介紹共 50 種「在家遊戲方法」。
也請查看他們在社群網站分享的各種活動與信息吧！

よぴこさん（yopiko 女士）
@ iku_tano_box_148

工作為職能治療師，育有四個小孩的媽媽，除了製作在家遊戲方法外，也分享許多家庭相關實用資訊。不止是 Instagram，他也在 YouTube 發布名為「自製○○」的手工藝方法，歡迎去看看喔。

ごーやさん（go-ya 女士）
@ goya_namakemonoikuji

職能治療師。在醫院負責針對發展遲緩孩子的復健訓練。也在 Instagram 以無法參與早期療育者為對象，介紹「快速！便宜！簡單！」的手作玩具。並於 2022 年 4 月出版《自製有益手部發展教具的好點子》（明治圖書出版）。

ちゃみさん（cyami 女士）
@ charmytoko

用自製玩具養育雙寶兒的母親。他透過自製與購買玩具成為一位玩具創造者，在其經營的「オウチーク」https://ouchi-iku.com/ 介紹如何在家製作兒童益智玩具。

りっきーさん（rikki- 女士）
@ ouchi_monte_ryoiku

蒙特梭利教師與教保員的雙寶媽。分享為發展遲緩的長男進行居家早期療育，開始進行之蒙特梭利教育、感覺統合以及育兒等相關資訊。2022 年 3 月出版《發展遲緩兒的居家蒙特梭利》（JMAM）

Chiemi Oishi さん（女士）
@ toto.babymom

具備助產師執照，於日本嬰兒手語協會擔任認證講師的二寶媽。所謂嬰兒手語，是通過簡單的手語與嬰兒「交談」的育兒方法。請試著把嬰兒手語帶入遊戲，盡情享受在家遊戲吧！

スウさん（suu 女士）
@ suu.333

玩具顧問指導員並育有三女的媽媽。身為專以大創等生活百貨商店在家遊戲的創作者，分享自製玩具相關資訊。也歡迎造訪「遊びの和」（遊戲大集合），彙整了有關這些玩具的更多詳情與有用資訊喔！
[譯者注：網址 https://suu333.com/]

ゆみのすけさん
（yuminosuke 女士）
@ mama.nosuke

有兩個兒子的母親，分享摺紙乃至原創遊戲等各種在家遊戲方法。如果您覺得「準備各種材料有點困難⋯」，那就先參考只用摺紙就能遊戲的方法吧！

さとこさん（satoko 女士）
@ littlestarsenglish_sapporo

從事達克羅茲教學法的英語講師工作，育有一對雙胞胎男孩的媽媽。具備玩具顧問執照。在 Instagram 分享以生活百貨商店等可以購買的常見材料，來製作能發展「心理、身體、腦部」的可愛手作玩具

第 **1** 章

超級專注！
使用手指的
遊戲

活動手部或指頭的遊戲可以刺激腦部。而「指尖遊戲」需要能持續精巧作業的毅力、聚精會神仔細處理的專注力也會刺激腦部。

藉由指頭給予孩子豐富的刺激

遊戲重點 手指遊戲對大腦有益

人類的腦部在 2、3 歲左右會急速發展。讓腦部發展必須要給予腦部刺激，而特別有效的就是給予手部與指部適當地使用與活動。這不只對孩子，據說對於預防高齡者失智症也有效。

第一章介紹的手指遊戲方法，因為使用各種材料並塗上繽紛色彩來製作，能訓練手眼並用的協調性並給予腦部更多的刺激。此外，新幹線、動物或是大海、帆船等，應能激發孩子「想玩」的意願。

最重要的是，這有助培育堅持完成精細作業的毅力、對一項事物全力以赴的專注力以及依據情況應變的判斷力，這可說是第一章所介紹「手指遊戲」之特徵。

藉由「手指遊戲」嘗試鍛鍊腦部支配毅力、專注力、判斷力的經驗，也將有助於刺激孩子腦部。

參與的家長 最重要的是讓孩子樂在其中

需要毅力與專注力的遊戲，如果變得困難，孩子很可能會中途放棄。重要的是，遊戲對孩子而言就該是「快樂的事」。若孩子要放棄的時候，請絕對不要強迫繼續。對孩子而言，遊戲時能安心地說「我不玩了」也很重要。在此前提，家長可以在不至於強迫的程度，以溫和語氣給予「如果這樣做呢？」、「這裡，是不是可以這樣做呢？」之類的建議。

此外，孩子若對重複同樣的事情感到厭煩，還是想要更困難或較簡單的遊戲時，建議家長能在一起遊戲時試著提議變化。例如「蒙特梭利的吸管套棉花棒」，只需增加競速條件，就能將單調的遊戲變成刺激的競賽。而「簡易編織」則可以嘗試夏季以外的季節為製作主題。如果孩子自己作出這些改變當然最好的，但若似乎有些困難的話，還請由父母或監護人提出建議。

教授者　よぴこさん　 Instagram @iku_tano_box_148

指頭工作組合包

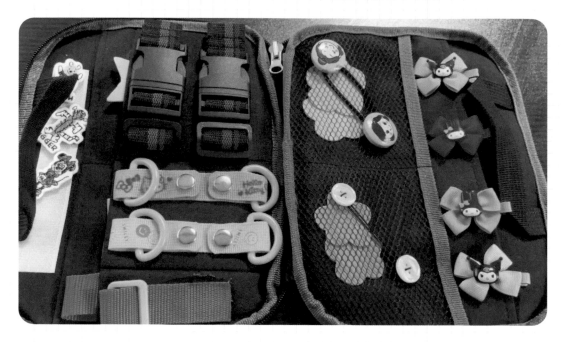

是最適合手指訓練的組合包。 蒙特梭利教育認為所謂「工作」就「如同成人有自己的工作，孩子也有名為人格形成的工作。」組合包內裝帶扣、鈕扣等孩子「想要嘗試」的物品，都能在生活百貨商店購入。

對象	2~3歲	材料	・雙面8入口袋收納包（大創） ・行李束帶	・日本書包用扣繩 ・D 形與調節環……等

製作方法

① 用白膠將行李束帶等物品黏合於雙面收納包上。

② 黏好後，放置約12小時使其確實固定。

③ 待白膠風乾，就能隨時隨地邊玩「工作組合包」邊訓練指頭了。

教授者　よぴこさん　 Instagram @ iku_tano_box_148

虛線描繪遊戲

用透明資料夾代替白板，反覆描繪與擦除圖文的遊戲。描寫的不光是形狀，若穿插寫有注音符號的紙，還能練習寫字，是很實用之物！

對象	**2~3歲**	材料	・A4透明資料夾　　　　・彩色筆 ・A4紙張 ・白板筆

製作方法	① 在紙張上用彩色筆繪製線條、圖形或是注音符號。繪製的時候，比起畫實線更推薦畫虛線。 ② 把①收入透明資料夾後，向孩子說明用白板筆沿線描繪。 ③ 待全部描繪完成後，可以用衛生紙、紙巾等擦除透明資料夾上的筆跡。

投入程度 ★ ★　　難易程度 ★

教授者 ＞ よぴこさん　📷 Instagram @ iku_tano_box_148

蒙特梭利穿棉花棒教具

只需要吸管與棉花棒，就能鍛鍊手眼協調能力的遊戲。我家是定好根數後，先穿完者獲勝，加入速度競賽性來進行遊戲。可以重複玩耍，收起來也不占空間。

對象	1歲半~	材料	・棉花棒 ・吸管 (約3色) ・彩色筆

製作方法	①對照棉花棒的長度來裁剪吸管。 ②對應吸管的顏色，用彩色筆將棉花棒前端上色。 ③向孩子說明要把棉花棒穿入同色的吸管。

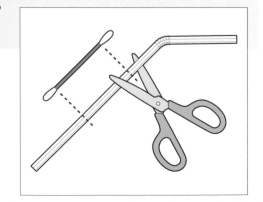

教授者　ごーやさん　📷 Instagram @ goya_namakemonoikuji

海綿穿穿遊戲

調整海綿片穿過各種方向吸管架的遊戲。因為不是將海綿片直直的穿過去，而是要對應吸管架的方向與海綿片孔洞，有助於鍛鍊雙手動作與手眼協調能力。

對象	**2~3**歲	材料	·浮力海綿棒（譯註：先切成1～2公分） ·吸管(粗、細) ·熱熔膠

製作方法

① 用熱融膠把粗吸管立於三片海綿中間。

② 在粗細管上開洞穿過細吸管。

③ 在海綿上切出對應穿過吸管長度之形狀。建議海綿片厚度1～2公分。

④ 完成了。再來就是進行海綿穿穿樂！

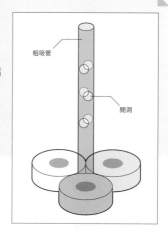

粗吸管

開洞

投入程度 ★　　難易程度 ★

教授者　ごーやさん　⊙ Instagram @ goya_namakemonoikuji

冰棒棍顏色對應遊戲

這是將塗上顏色的冰棒棍放入同色開口的辨別顏色遊戲，在一個容器就能享玩數種顏色區分樂趣。 推薦給不擅長指尖活動和手眼協調訓練的孩子，以及顏色認知能力較弱的孩子。

對象 **2~3歲**

材料
- 冰棒棍
- 餅乾點心空盒(像是品客洋芋片)
- 瓦楞紙
- 白紙
- 紙杯
- 彩色筆
- 彩色標籤貼紙

製作方法

① 在餅乾點心空盒(照片為品客洋芋片)表面貼上白紙。

② 因為要將空盒內部進行分隔，先將瓦楞紙做成十字狀。

③ 裁剪②楞紙的邊緣使其能疊加上已切除上半部的紙杯。（如圖示）

④ 在①的容器側面切開四面，使能看到內部。 再將容器蓋子如照片般以刀具切出開口並貼上彩色標籤貼紙。

⑤ 對應容器內的隔間，於容器表面塗色。 再將③瓦楞紙裝入容器中就完成了。

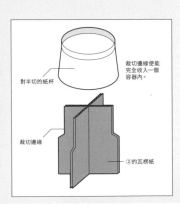

對半切的紙杯

裁切邊緣使能完全收入一個容器內。

裁切邊緣

②的瓦楞紙

教授者　ごーやさん　Instagram @ goya_namakemonoikuji

新幹線貼紙遊戲

轉動貼著新幹線貼紙吸管的遊戲。 在訓練指頭動作與手眼協調能力的同時，要對齊三面新幹線貼紙也能增進認知能力。 推薦給不擅長指尖活動與手眼協調訓練的孩子。

對象	**2~3歲**

材料
- 新幹線貼紙
- 吸管(粗)
- 免洗筷(圓形)
- 巧拼地墊
- 透明膠帶

製作方法

① 如照片般把新幹線貼紙貼在吸管。 因為只貼貼紙容易剝落，建議在用透明膠帶強化。 貼好膠帶後，一張貼紙剪成一段。

② 如圖示般，把免洗筷刺入巧拼墊製成底座。

③ 把①剪好的吸管穿過免洗筷即可完成。

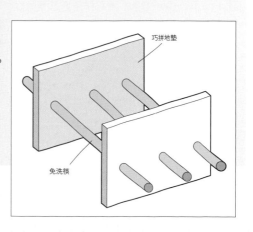

巧拼地墊

免洗筷

教授者　ごーやさん　⊙ Instagram @ goya_namakemonoikuji

圖案配對動物園

把貼著動物圖案的寶特瓶蓋，在瓦楞紙底座移動去配對相同動物名貼紙的遊戲。因為不單要用指頭，還要考慮移動動物的順序，稍微有些難度。

對象	2~3歲	材料	・動物貼紙 ・吸管（粗）	・透透明貼紙 ・瓦楞紙

製作方法

① 如照片般，把瓦楞紙底座切割出瓶蓋移動路線，這是製作上最困難的部分。

② 把動物貼紙頭部貼在寶特瓶蓋上，使其露出部分身體。

③ 如同圖示，以吸管為支架黏上兩個瓶蓋。

④ 在瓦楞紙底座加上立架，能像桌子般立起。

⑤ 在②定好的位置，把動物貼紙露出瓶蓋部分的剪下，貼在底座上。把動物交錯設置好，就可以開始配對底座與瓶蓋的動物了！

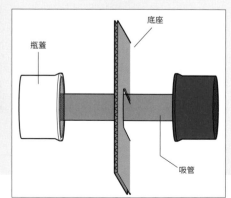

投入程度 ★ ★　難易程度 ★ ★

教授者 ＞ ちゃみさん　⊙ Instagram ＠ charmytoko

簡單穿線編織

使用紙盤與毛線的穿線遊戲。 藉由毛線穿過紙盤孔洞的動作，就好像在編織一樣。 若想在用色與背景上花點巧思，可以加入季節感。 本次是以夏天為概念，用藍色系毛線來製作海洋。

對象	3歲～	材料	·紙盤 ·毛線 ·牙籤	·打孔機(或開孔錐等工具) ·裝飾紙盤用的筆與摺紙

製作方法

① 用打孔機在紙盤下半處外緣開孔。

> Point：雙親可以在旁邊給建議，導引孩子進行這個工作。

② 紙盤空白處用彩色筆等上色

③ 把毛線一端繫在編織起點，另一端則綁在牙籤上

④ 把毛線都穿過孔洞就完成了!再來請自由發揮地裝飾吧。

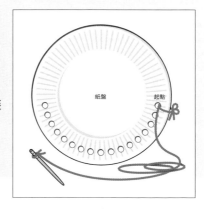

紙盤　　起點

投入程度 ★　　難易程度 ★ ★

 教授者　りっきーさん　⬤ Instagram @ ouchi_monte_ryoiku

摺衣服比賽

把摺衣服與收回原處的工作當作遊戲。 大人可以口頭告知收納位置，要求孩子將摺好的衣服放回該處。 藉由聽從兩個以上的口頭指令，有助訓練工作記憶(短期記憶)發展。 而完成衣服把摺好與收好這件事情，也會讓孩子有一種幫助家人的成就感。

對象	3歲~	材料	・洗好的衣服

製作方法

① 告訴孩子自己的衣服要自己摺喔。 先請家長示範如何摺衣服。

② 告訴孩子衣服收納處。 例如：浴室的衣櫃頂部數下來第二層。

③ 孩子已經記住每個位置的話，就請他們前往該處進行收納。 要是孩子忘記就請他們回來，再教他們一遍。

Point：如果有手足，可以讓他們比賽，就能邊玩邊整理了！

專注力 判斷力

教授者 Chiemi Oishi さん 🔘 Instagram @ toto.babymom

大型曬衣夾的夾娃娃機遊戲

用指頭控制曬衣夾抓住髮圈的遊戲。 要一把抓起多個髮圈並不容易，能讓孩子專注於遊戲。因為我家是一歲兒所以改用夾子來降低遊戲難度。 需要準備的道具只要兩種，所以很輕鬆簡單就能遊戲喔。

| 對象 | **2** 歲 | 材料 | ·大型曬衣夾
·髮圈 (生活百貨商店) |

製作方法

① 將準備好的髮圈撒放如紙箱內各角落。
② 向孩子說明是用曬衣夾抓住的遊戲後，開始遊戲。

Point：孩子已經熟悉操作的話可以增加時間限制，就能變成比較抓得到髮圈數量的競賽遊戲。

第**2**章

培養表達力的說話遊戲

因為訓練幼兒語言很容易變成「學習」活動，在此介紹一些能避免這種情況的方案，請仔細傾聽感受孩子的興趣與關注點。

讓孩子喜歡開口說話

遊戲重點　透過遊戲奠定孩子的語言基礎

第二章是以為「語言」為主題的遊戲方式。雖然幼兒在 3 歲前口語或書寫能力尚未成熟，但也有少數幼兒開始對文字、數字產生濃厚興趣。

像是 2 歲左右的幼兒，會對著店家招牌一字一字邊看邊念出來，或是詢問那個字要怎麼念。這可能包含注音符號、數字或英文。請不要打壞孩子的興致，因為要讓他們能快樂學習語言，關鍵在跟孩子一同「玩樂」。

無庸置疑，我們透過語言來建立人際關係。雖然語言技能是必須的，但我們若能將語言成為「愉悅過程中學習的技能」而不是「必須要有的技能」，孩子將會更加開心幸福。如果孩子對使用語言感到愉悅，他們就會樂於通過交談來表達自己與理解他人。

參與的家長　最重要的是適度調整難易程度

孩子自己使用語言來「玩耍」，與家長讓孩子使用語言來「學習」，看似相同，但在意義上並不一樣。如同前述之說明，確保這是「遊戲」是最要緊的。因此，請不要試圖讓孩子「學習」，重點讓孩子保持對語言的興趣、關注、熱情與樂趣。

此外，如同「轉轉拼字遊戲」的評論留言所示，如何藉由增加單字適度調整難易度是非常重要的。特別在語言學習上，不要只是提高難度，也可以降低難度看看。例如，不是一昧給大量的文字與數字，建議訂定資訊量限度。偶爾降低輸入資訊量對於學習語言是有助益的。

此外，倘若孩子似乎對於圖畫、符號比起文字、數字更有興趣的話，就不要執著在文字、數字上，而是依據孩子的情況來挑整難易度。就算只是不斷重複，能樂在其中才是最重要的。

積極性　專注力　匠心巧思

教授者　よぴこさん　○ Instagram @ iku_tano_box_148

注音拼拼樂

透過移動注音符號排列順序來組成字詞，藉此認識注音符號與學習拼音的遊戲。所有材料在生活百貨商店就能買齊，因為能重複遊戲非常實用！

第 2 章 說話遊戲

對象	**3 歲~**	材料	·白板 ·圓形彩色磁鐵 ·注音符號貼紙 2組

製作方法
① 將注音符號貼紙一組貼白板、另一組貼在磁鐵上。
② 遊戲方式是把磁鐵貼在相同注音符號的白板貼紙上。
　Point：也可以出單字題，讓孩子以排出拼音的方式來遊戲。

教授者 スウさん　🅞 Instagram @ suu.333

轉轉拼字遊戲

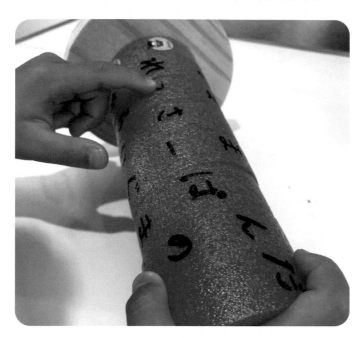

看著自己選擇的圖片，邊拼出名稱「轉轉拼字遊戲」。在廚房紙巾架裝上空心游泳海綿，透過移動轉動注音符號排列順序來組成字詞，藉此認識注音符號與學習拼音的遊戲。所有材料在生活百貨商店就能買齊，因為能重複遊戲非常實用！

對象 　**3歲~**

材料
- 空心游泳海綿棒
- 廚房紙巾立架
- OPP 透明膠帶
- 剪刀或菜刀
- 動物、食物或交通工具等孩子感興趣的插圖貼紙
- 麥克筆

製作方法
① 比照廚房紙巾架的高度，裁切等高的海綿棒。（用菜刀能輕易切開。）
② 再把裁切好的海綿棒均等切成 5~8 段。
③ 切好後，在一段海綿均等貼上喜歡的插圖貼紙。
④ 其餘的海綿段則寫上對應貼紙的注音符號。

Point：為能在拆卸時容易排列，可以按順序在斷面寫上數字編號。

投入程度 ★ ★　　難易程度 ★

稍微進階！

教授者
りっきーさん　🅞 Instagram @ ouchi_monte_ryoiku

看書不再跳行漏字 輔助閱讀尺

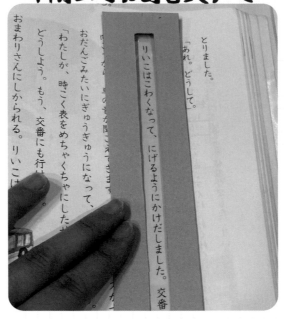

在閱讀圖畫書或與教科書的時候，能防止跳行漏字的尺(也稱為閱讀輔助尺)。 起因是我的孩子在讀直書國語課本時非常吃力，我想著閱讀時能有個輔助道具就好了。 能減低閱讀壓力。 推薦給視知覺或眼部協調較弱，以及無法流暢閱讀的孩子。

對象	**4,5歲~**	材料	·厚紙板 ·彩色玻璃紙(選容易辨識的顏色)

※ 對於4歲幼兒是進階版的遊戲

製作方法
① 把厚紙板用美工刀切出一條寬度只能看到書籍單行的區塊。
② 把玻璃紙貼在厚紙板上。
③ 切好後，在一段海綿均等貼上喜歡的插圖貼紙。
④ 準備就緒後，用尺來逐行依序閱讀吧！
　(直書橫書皆適用)

應用力　　匠心巧思

教授者　りっきーさん　Instagram @ ouchi monte ryoiku

寫字練習

推薦給會讀書但還不會寫字的孩子。 用金蔥膠水筆描繪加工注音符號字卡，讓孩子能一邊用指尖感受粗糙、凹凸不平有趣觸感，一邊學習符號形狀。 在使用書寫工具前，先讓孩子學會用指尖描寫文字。

對象	3歲~	材料	・注音符號字卡 ・金蔥膠水筆	・方形調理盤 ・精製鹽

製作方法

① 用金蔥膠水筆添描在字卡上的注音符號，加上粗糙砂砂感。

② 讓孩子用指尖沿著注音符號去感受形狀。

③ 在調理盤內裝精製鹽，直接用指頭而不是用筆來模寫（如右下照片所示）用指尖觸感來記住文字形狀。

④ 在憑觸感記住文字形狀後，可以開始使用書寫工具來練習描寫注音符號。

教授者 りっきーさん　◎ Instagram @ ouchi_monte_ryoiku

認識蔬果 – 實物與圖卡配對遊戲

準備蔬果圖卡與真實蔬果（或仿真模型），讓孩子把圖卡與實體配對的遊戲。配對後，向孩子說出蔬果名稱，並請他複誦。透過使用實物，能刺激觸覺、嗅覺、形狀與重量等感官體驗，並學習學習字彙。

對象	**1歲半~**	材料	·真實蔬果（或仿真模型） ·圖卡	·文字卡

※ 適用3歲以上~

製作方法
① 備妥真實蔬果（或仿真模型）。
② 把圖卡排放於地面。
③ 讓孩子玩圖卡與真實蔬果的配對遊戲。

Point：有些蔬果仿真模型精緻逼真，而且能長期使用非常實用！

孩子對玩具不感興趣！

向 Instagram 達人們請教解決育兒問題的要訣"Q&A"。

第一回的主題是關於「玩具」。

請達人回答當孩子對玩具不感興趣時，所採取的處理方式。

不要過度投入心力製作玩具！

家長可以先玩給他們看，試著引起興趣，如果這樣他還是沒興趣就會表現出來。 所以為了避免因「孩子對玩具興趣缺缺」而大受打擊，重點是廢物利用以及不要過度投入心力製作。（笑）

ちゃみさん　@ charmytoko

藉觀察來找到原因

請仔細關注「為何對這個玩具不感興趣呢?」，或許是孩子不知道怎麼玩、已經覺得無聊或是沒有玩耍的心情等，肯定是有原因的。 不仿先透過觀察孩子找出原因，再來考慮解決方法。

さとこさん　@ littlestarsenglish_
sapporo

每個孩子有各自感興趣的時候

就算是兄弟感興趣的時候也不同。 因此，可以間隔一段時間後，等到適當時機再把玩具遞給孩子。

ゆみのすけさん　@ mama.nosuke

向孩子示意玩法

不要強迫孩子玩遊戲。 透過展示大人遊戲的模樣，孩子能更容易想像這個玩具的玩法。

ごーやさん　@ goya_
namakemonoikuji

第**3**章

奠定邏輯
思維基礎的
數字·形狀
遊戲

在我們身邊充滿大量的數字與形狀，只要大聲唸出來或
唱出來，就孩子激發的興趣。

使用蛋糕紙盤！

隨處可見的 數字・形狀遊戲

遊戲重點　透過數字遊戲奠定邏輯思維基礎

「邏輯思維」這個詞，在高中與大學時期常常聽到。我常將其解釋為「能夠以合理與容易理解的方式來思考。」

那麼，數字與邏輯思考有何種關聯呢。簡單來說，就是「我很早就來排隊了」與「我排在從頭數來第三位」的差別。透過加上數字，就能從抽象含糊的描述，轉為具體的表達方式。理解數字意味著能像例子用數字來表現順序，以及對事物進行比較與分析。

這種思維能力，通常孩子在上小學前（5、6 歲）就能充分掌握。然而，思維萌芽階段的過程也很重要。利用日常生活也隨處可見的數字與形狀，大聲唸出來、出聲排列順序…之類的每日小提醒能激發孩子的興趣，從而奠定邏輯思維的基礎。要是孩子能夠學會用語言明確表達自己想法就更好呢。

參與的家長　這不是學習，而是要盡興玩樂

關鍵是按照孩子的步調來進行，不要操之過急。雖然家長往往想讓孩子盡快能學會「讀書、算數」，但還請務必作為「遊戲」來進行。

第三章的主題不單有「數字」，還加入「形狀」。形狀配對遊戲有望能訓練孩子形狀認知能力，同時激發其判斷力。

此外，藉由加入競賽要素，可以轉變成訓練判斷力的遊戲喔。

本章也會介紹一些如第一章對手部與指頭運動十分有益的遊戲。如「牛奶糖紙盒做出紙盒遊戲」需要手眼協調能力，「用彩色球來玩顏色數字遊戲」則能刺激觸感。

遊戲可以成為激發孩子積極學習的催化器。家長們請不要只有訓練孩子學習數字與形狀，而是花點心思讓孩子體會手眼協調與觸感刺激的多重樂趣。

教授者　よぴこさん　Instagram @ iku_tano_box_148

形狀配對遊戲

把毛絨鐵絲所製成的各種形狀，與畫在繪圖紙之形狀進行配對的遊戲。照片是配對形狀與顏色，若想提升難度可以變換毛絨鐵絲與繪圖紙形狀顏色。是會常聽到孩子說「想再多玩一點!」的受歡迎遊戲。

對象	1歲半~	材料	・彩色毛絨鐵絲 ・繪圖紙 ・色鉛筆

製作方法	①將彩色毛絨鐵絲折成三角、四方、星形等各種形狀。 ②對照毛絨鐵絲製成各式形狀，在繪圖紙上繪製大小與顏色相同的形狀。 　Point：如果繪圖紙的形狀都用黑筆繪製，會提升難度。 ③邊向孩子解釋遊戲規則，讓他將毛絨鐵絲形狀配對繪圖紙形狀。

專注力 判斷力

教授者 よぴこさん ⑯ Instagram @ iku_tano_box_148

用寶特瓶蓋來玩圖案對對碰

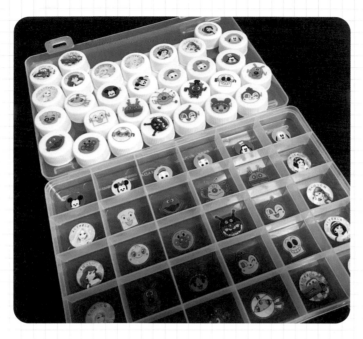

準備能每格放入寶特瓶蓋的長形多格塑膠收納盒，將兩份相同圖案的貼紙分別貼在收納格與瓶蓋上，就能進行圖案對應遊戲。 透過變換貼紙顏色、圖案或喜歡的角色人物來增加多樣性，也能提高孩子的興趣喔。

對象	1歲半~	材料	·寶特瓶瓶蓋 ·多格收納盒 （每格足以裝入保特瓶蓋）	·兩組相同圖案的貼紙

製作方法

① 先把一組貼紙貼在收納盒各格底部。

② 再把另一組貼紙貼在寶特瓶蓋上 (要跟貼在收納盒貼紙一樣)。

③ 一起來玩把寶特瓶蓋放入同圖案收納格的對對碰遊戲吧。

Point：注意不要讓孩子誤食寶特瓶蓋。

教授者) スウさん　⬡ Instagram @ suu.333

用彩色球來玩顏色數字遊戲

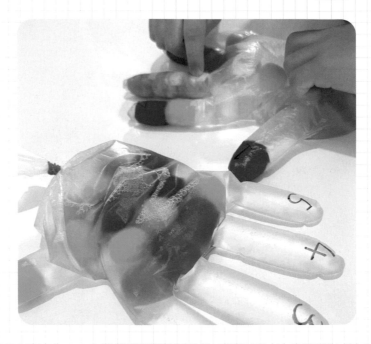

數字·形狀遊戲 第 3 章

孩子對顏色感興趣的話，可以藉此遊戲更加熟悉。 材料都可以在生活百貨商店買到。 能讓孩子樂於接受觸感刺激，還能確認顏色組合、指套上的數字、與指套內彩球數量等，特點是能按照孩子興趣自由玩耍。 要是擔心漏水，可以用兩層塑膠手套或在浴室玩。

對象	**2 歲~**	材料	·彩色絨毛球飾品	·水
			·免洗 PE 手套	·橡皮筋
			·洗衣精	·麥克筆

製作方法

① 用麥克筆在免洗手套指尖處寫上數字。
② 將水與洗衣精注入手套內，並放進毛球。
③ 用橡皮筋綁緊手套開口。（如插圖）
④ 讓孩子把球移動到指套，享受顏色與數字的組合樂趣。

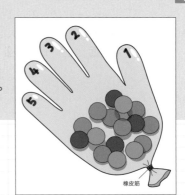

橡皮筋

教授者　ごーやさん　⊙ Instagram @ goya_namakemonoikuji

用牛奶糖紙盒作出紙盒遊戲

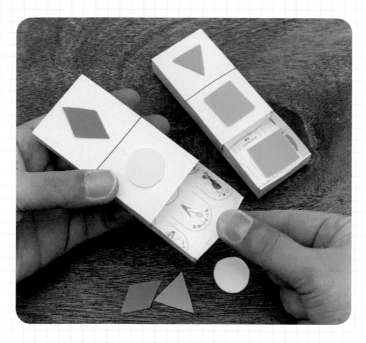

因為要把形狀分類，能幫助孩子克服辨識形狀方面的困難。 此外，透過在紙盒外層貼圖形與放入同圖形的珍珠板，還能訓練手眼協調能力。

對象	3歲~	材料	・牛奶糖空紙盒 ・珍珠板

製作方法

① 將牛奶糖內盒前端的折入部分切除，再把切除部分用熱溶膠黏在內盒正中間。（如插圖）

② 用珍珠板製作成對的各種圖形，一個黏在牛奶糖外盒表面，另一個則是要放入盒子內。

③ 這樣就完成了。 讓孩子玩對照紙盒上圖形，拉出內盒放入相同圖形的遊戲吧！

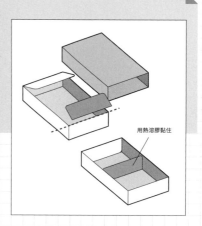

用熱溶膠黏住

教授者　ごーやさん　◎ Instagram @ goya_namakemonoikuji

西瓜籽數數遊戲

把圓形黑色小磁鐵當作西瓜籽，貼上符合家長指定數量的遊戲(上圖照片是把數字標在左上方的太陽上)。移動磁鐵可以訓練指尖細部動作。而針對才剛開始學習的孩子，可以將西瓜插圖護貝起來，改成白板筆畫籽的較簡單遊戲。

對象	3歲~	材料	·白板　　　　·圓形小磁鐵 ·繪圖紙　　　·磁鐵膠帶 ·護貝膠膜

製作方法	① 先用繪圖紙畫出西瓜。 ② 在①畫好的西瓜背面貼上磁鐵膠帶。如果需要護貝，等護貝好再貼上磁鐵膠帶。 ③ 把西瓜貼在白板上就完成了。讓孩子貼上與白板上數字相符的籽吧。

教授者　Chiemi Oishi さん　🄾 Instagram @ toto.babymom

幫動物貼 OK 繃

用 OK 繃照護動物傷口的遊戲。 在動物身上畫上傷口（標記），再把畫有同樣標記 OK 繃貼在上面的貼紙遊戲。 標記除了記號也可以使用數字、注音符號、英文字母等。 而把 OK 繃撕除的工作，也是指尖遊戲喔。

對象	**2** 歲

材料	・OK 繃　　　　　　　・麥克筆
	・繪圖紙

製作方法	① 在繪圖紙畫上動物或角色插畫。
	② 在動物或角色身上畫上標記。

第**4**章

好奇心
激發求知慾！
科學遊戲

科學遊戲藏有許多能提高孩子好奇心的知識點。請家長
與孩子一同參與、一同思考「為什麼？」

樂在學習！提高好奇心的科學遊戲

好奇心是渴望求知的根源

好奇心包括「想廣泛學習各種事物」與「想深度學習單一事物」。這兩種「我想知道」的心情，對於引發孩子「想學習」的求知慾望是必須的！

而在科學的世界裡，這兩樣都是必須的。「為什麼冰塊會融化？」「為什麼能夠結晶？」，我們因為「想了解」對於眼前發生的現象，轉而開口詢問「為什麼？」。這個「為什麼？」能對更深入了解某一事物，但光回答單一問題並不能徹底釐清。在廣泛學習的同時，也必須要深度學習。因此，

學習科學就是在「想廣泛學習」、「想深度學習」兩種好奇心之間不斷切換。

科學遊戲能藉由活化求知慾必須具備的兩種好奇心，讓廣泛學習與深度學習不斷循環。總而言之，科學不僅能激發我們想知道更多的好奇心，還能是好玩的遊戲呢！

與孩子一起雀躍地進行科學實驗吧！

「科學遊戲」有望激發孩子的科學邏輯、正向心理等各種技能，還能提升學習能力。

然而，科學遊戲跟先前介紹的遊戲不同，因為「科學知識」與遊戲密切相連，如果缺乏科學知識可能會難以進行遊戲。

因此，還請好好利用本書。使用網際網路也很有幫助。也可以利用日常生活中會產生「為什麼？」的現象來作成遊戲。

而要引導孩子提問，務必要親子一同參與、交流分享問題與好奇之處。家長可以透過孩子目光與手部動作等，觀察孩子對什麼感興趣。

生活隨處都是科學。現在起請試著與孩子一起探討周遭的「為什麼？」吧。可以的話，也請試著製作新的遊戲方法。

教授者　ゆみのすけさん　◎ Instagram @ mama.nosuke

鹽巴結晶實驗

使用能在藥妝店購入，作為泡澡劑的「瀉鹽」來進行結晶實驗。 這個遊戲結合創意與科學兩要素。 一般食鹽結晶需耗費數週，若使用瀉鹽結晶只需一晚即可。

對象 **2~3歲**

材料
結晶的底座
· 去除薄膜的乾燥蛋殼
· 白膠
· 瀉鹽（適量）

結晶的溶液
· 水 1/2量杯
· 瀉鹽 3/4量杯
· 食用色素（不用也可以）

製作方法

① 在去除薄膜的乾燥蛋殼內塗上白膠。 為了避免沒有全面塗滿，建議使用畫筆，充分將白膠塗滿。

② 在蛋殼內放適量瀉鹽。 重點是將蛋殼來回轉動，確保全面黏附上瀉鹽。

③ 待②瀉鹽充分乾燥，就完成結晶的底座。

④ 將瀉鹽與水加熱，待瀉鹽充分溶解製成溶液。 若想要彩色結晶，請在溶液中加入食用色素。

⑤ 將溶液倒入③殼內，大約放置8小時就完成了！

Point：如果放置48小時就會變成更大的結晶！

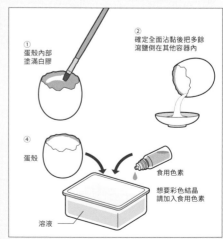

① 蛋殼內部塗滿白膠

② 確定全面沾黏後把多餘瀉鹽倒在其他容器內

④ 蛋殼

食用色素

想要彩色結晶請加入食用色素

溶液

教授者
ゆみのすけさん　Ⓘ Instagram @ mama.nosuke

可以用手抓的水

僅使用泡泡膠與帶孔圓鐵片，做出不會破的水球泡泡簡單遊戲。能帶給視覺與觸覺的強烈衝擊，是孩子很容易感興趣，會覺得「好有趣喔!」的遊戲。就算失敗，也能在挑戰的過程中思考要如何才能成功。

對象 **3**歲

材料
・泡泡膠
・帶孔圓鐵片

製作方法
①泡泡膠黏滿圓鐵片的孔。
② 用黏著泡泡膠那面去水龍頭裝水。
　Point：離水龍頭遠一點比較容易成功。
③ 泡泡膠裝水膨脹後把鐵片拿掉，神奇的柔軟水球就完成了!

教授者　ゆみのすけさん　　◎ Instagram @ mama.nosuke

神奇的咻哇咻哇實驗

將醋滴在凝固的小蘇打上，讓孩子在「咻哇咻哇」的氣泡聲中，觀察碳酸產生的實驗性遊戲。因為在生活百貨商店就能買到所需材料，很容易執行。我家的孩子將醋滴到小蘇打塊上的同時，會不斷對「為什麼咻哇咻哇冒泡泡」感到神奇有趣。

對象 **3歲~**

材料
- 小蘇打1量杯
- 水 兩大匙
- 容器
- 食用色素
- 矽膠製冰盒
  （用來凝固小蘇打）
- 滴管
- 食醋（少許）

製作方法

① 小蘇打與水拌勻。

② 分裝在數個容器內，各自加入食用色素上色。

③ 把上色的小蘇打液倒入矽膠製冰盒內，置於冷凍庫約30分鐘冷卻就完成了。

④ 把醋用滴管一點點滴在凝固的小蘇打塊上試試吧！

水　　小蘇打

食用色素

冷凍約30分鐘！

教授者 　ゆみのすけさん　🄾 Instagram @ mama.nosuke

融冰救援行動

找出藏在冰塊中的鑰匙，救出被囚禁的公仔，是帶有故事性的科學遊戲。可以讓肌膚感受冰塊的寒冷與熱水的溫暖。也能體會找到鑰匙、親手救援的成就感。孩子會帶著「我要去拯救它！」的使命感來進行遊戲。

對象	**1歲~**	材料	·掛鎖與其鑰匙 （可以多準備假的鑰匙） ·鏈子 ·玩具公仔	·放冰塊的器皿 ·裝熱水的器皿 ·滴管

製作方法

① 前置作業：把鑰匙放在裝水容器內，拿去冷凍結冰。

　Point：加上一些假的鑰匙會提高難度。

② 用鍊子綑綁玩具公仔，再扣上掛鎖。

③ 用滴管把熱水一點點滴在①製成的冰塊表面，讓孩子能觀察冰塊逐漸融化的過程，同時找出鑰匙。

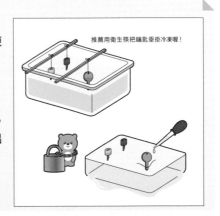

推薦用衛生筷把鑰匙垂掛冷凍喔！

教授者 ちゃみさん 〔Instagram @ charmytoko

迷你萬花筒

雖然市面上有販售萬花筒組裝道具，但用家中既有物品就能簡單做出萬花筒。 請與孩子一同進行放串珠與裝飾的工作。 其他如裁切寶特瓶因為有難度，請家長負責處理。 孩子想必會被自製的閃耀萬花筒迷住吧。

對象	**3**歲~	材料	・小型寶特瓶（如小瓶優酪乳） ・串珠　・銀色摺紙 ・厚紙板　・剪刀	・美工刀　・鉛筆 ・電工絕緣膠帶 ・透明膠帶 ・黏合劑　・直尺

製作方法

① 從寶特瓶瓶口往下量高9公分處切除。

② 依照瓶口與切口大小裁切出兩枚圓形厚紙板。 在圓板正中央切出一個邊長1.3公分的△，再把周圍進行裝飾即可。

③ 先將銀色摺紙切成長9公分寬15公分，折三次。

④ 把銀色摺紙作成三角柱後，先用膠帶黏妥，再固定在較大的圓版上，四周進行裝飾後，裝入寶特瓶A。

⑤ 在寶特瓶 B 裝入串珠後，在與寶特瓶A組合。

Point：用黏合劑與膠帶確實黏好喔！

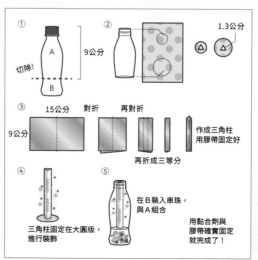

教授者 ＞ ちゃみさん ⊙ Instagram @ charmytoko

紙花綻放遊戲
Blooming Paper Flowers

把紙花放在水上，欣賞花朵綻放的有趣遊戲。 是利用紙張吸水所產生之毛細作用原理，使纖維回復原狀。 請在觀察紙花綻放的過程中，邊向孩子解釋背後成因。 建議可以用可愛的色紙來製作許多色彩繽紛的花朵喔！

對象 **3歲~**

材料
・洗臉盆
・摺紙或列印用紙
・剪刀

製作方法
① 製作約摺紙 1/4 大小的紙花。
② 將花瓣往中心內折。
③ 將包覆起來的紙花放在水上。 就能享受欣賞紙花慢慢綻放的樂趣。

Point：接觸水面的部分盡可能平整。

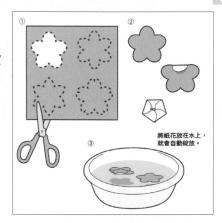

將紙花放在水上，就會自動綻放。

投入程度 ★★　　難易程度 ★

教授者 スウさん ⓘ Instagram @ suu.333

轉啊轉啊ＣＤ陀螺

利用不需要的 CD 或 DVD 來製作好玩的 CD 陀螺。 把彈珠置於碟片中央孔洞來代替陀螺的轉軸，孩子約1歲半能抓握後就能轉得很好。 如果不擅長繪製圖案，只用貼紙也可以做出趣味設計的陀螺喔。

對象	1歲半~	材料	・不需要的 CD 或 DVD 碟片	・大粒彈珠
			・厚紙板	・貼紙或彩色筆
				・熱熔膠

製作方法

① 將 CD 置於厚紙板上沿邊描形，記得 CD 中間的洞也要依樣描形。
② 依照描線裁切出厚紙板。
③ 用貼紙或彩色筆來裝飾厚紙板。
④ 用熱熔膠把彈珠固定在 CD 中央孔洞內。
⑤ 把厚紙板黏疊在 CD 上就完成了。

該怎麼處理孩子的作品呢？

向 Instagram 達人們請教解決育兒問題的要訣"Q&A"。
第二回的主題是關於「孩子的作品」，面對不斷增加的孩子作品，
請達人提供如何保管的方法。

將作品展示出來

將作品展示擺放在棚架或牆面，讓孩子
與作品們合影留念。孩子喜歡在自己房間
展示自己的作品。也喜歡把自己繪製的畫
用來做貼紙或紙盒。

スウさん　@ suu.333

按照尺寸區分收納

圖畫類收在剪貼簿，平面作品收在檔案
資料夾。至於立體作品放一陣子就會丟掉。
要丟掉的時候，務必向孩子確認。

ゆみのすけさん　@ mama.nosuke

用照片留下紀錄

我會保留特別的作品，其他經拍照紀錄
後就會丟棄。因為會從幼兒園帶回裝滿年
度作品的大紙袋，我就都收在一起保管。

りっきーさん　@ ouchi_monte_ryoiku

製成原創刺繡圖案

因為次子繪製的「彩虹小鳥」非常漂亮，
我就把這圖案繡在小袋子裝飾。以新型態
來保存孩子作品也很有意思。

さとこさん　@littlestarsenglish_sapporo

第 **5** 章

在家就可以進行！提升孩子運動能力的體能遊戲。

日常運動習慣有助提升學習能力。從幼兒期開始多多進行要運動身體的體能遊戲，養成運動的習慣吧。

遊戲開始前就很開心！
讓體能遊戲變成習慣

column

遊戲重點　打造就學後優異學力的「身體」

如第一章所言，手部與指頭運動能刺激腦部發展。而不只是運動手部與指頭，而是全身性運動則能促進腦部多元認知發展。

運動習慣有助於提升學習能力，這不僅是日本文部科學省的學力測試暨體能與運動調查結果，海外研究也提出相同看法。正如「文武兩道」一詞所示，透過打造出健康的「身體」，不僅對於「身體」也會對「頭腦」帶來益處。

然而，當今的孩子除了體育課外，使用身體來玩耍的機會大幅減少。其中一個原因，就是能夠讓孩子安全遊戲的場所減少了。

有鑑於此，第5章「體能遊戲」介紹一些在家裡也能充分運動身體的遊戲方法。因為孩子在上小學後，身體會越來越大，可能難以在家進行體能遊戲。趁著幼兒期來盡情玩耍、活動身體吧！

參與的家長　試著讓孩子自己製作遊戲所需道具

相較其他遊戲方法，「體能遊戲」在孩子還小時就能開始進行。為了因應1～3歲幼兒身體成長，我們介紹了如取得平衡遊戲、競賽遊戲等各種有趣的遊戲方法，請多加嘗試。

這裡說明一下遊戲方法的優點，「牛奶盒踩高蹺」、「瓦楞紙板扭扭樂」不光可以活動身體，其中很多都包含自己製作道具的過程。務必親子一同參與製作。因為體能遊戲的道具很容易被粗暴對待，透過自己動手做，較可能會萌生「因為是自己做的所以要好好愛惜」的想法。

而像「氣球拍拍」這類遊戲，除了身體運動外，還加上要積極跟隨眼前情報，能夠提升動態視覺。體能遊戲不光是活動身體，也有助提升組成身體的各種機能發展。

教授者 ⟩ よぴこさん　📷 Instagram @ iku_tano_box_148

牛奶盒踩高蹺

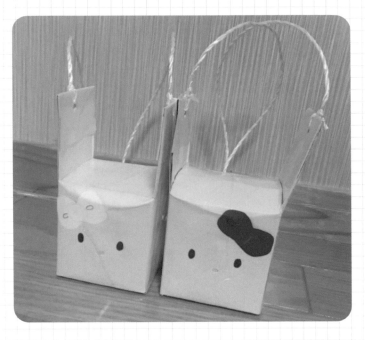

用牛奶盒製作出家中也能玩的踩高蹺體能遊戲。 需要手腳並用，能鍛鍊核心、平衡與身體的控制力。 因為作法很簡單，請讓孩子從頭參與製作過程。

對象	**2歲~**	材料	・牛奶紙盒4個　・繩子　・大力膠帶	・剪刀　・打洞器

製作方法

① 把紙盒從開口四邊往下剪開，至底部向上量高 7.5公分為止。

② 剪開的四面中，選一相對面分別作Ⓐ、Ⓑ面。先將Ⓐ面折入盒裡，因Ⓑ面是盒蓋，請先摺出相應的摺痕。

③ 另一個紙盒壓扁折疊放入紙盒內。

④ 另兩側Ⓒ面剪至6公分高。 在上方以打洞器打洞，再穿過繩子打結固定就完成了。

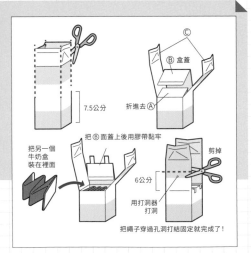

Ⓒ

Ⓑ 盒蓋

折進去Ⓐ

7.5公分

把Ⓑ面蓋上後用膠帶黏牢

把另一個牛奶盒裝在裡面

剪掉

6公分

用打洞器打洞

把繩子穿過孔洞打結固定就完成了！

教授者　スウさん　⊙ Instagram @ sw 333

氣球彈跳床

不用花新台幣50塊就能作出孩子超喜歡的氣球彈跳床。 可以像玩彈跳床，也可以像玩平衡球。 發揮想像力的話，還能變身家家酒玩具或是刺激冒險船。 壓縮袋請確實抽氣真空。 注意大人乘坐可能會把氣球壓破。

對象	**2**歲~	材料	・氣球 ・棉被壓縮袋

製作方法	① 將氣球充氣。 ② 在縮壓袋內不留空隙裝滿氣球。（參照插圖） ③ 把壓縮袋確實抽氣真空即可。	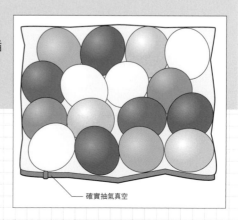 確實抽氣真空

專注力　行動力

教授者　スウさん　　⊙ Instagram @ suu.333

瓦楞紙板扭扭樂

要手腳碰觸指定處的「扭扭樂」。先把手腳擺放於定好的顏色與數字格後，再前往指定的顏色與數字格，關鍵在要如何移動身體。也可以在地板改放巧拼墊取替瓦楞紙板，要是空間夠也能立在牆面上，享受臨機應變的趣味。藉由調整牆面設置高度，就能挑戰與地面不同的身體移動方式。

對象	**2歲~**	材料	・瓦楞紙板　　　・黏膠 ・摺紙　　　　　・筆

製作方法
① 將瓦楞紙板裁至適當大小，每片貼上摺紙，顏色隨機排放。
② 摺紙寫上數字。
Point：也可以用○△□等符號、英文字母與注音符號來取代數字。

行動力

教授者　スウさん　◎ Instagram @ suu.333

氣球拍拍樂

只是將繫有塑膠繩的氣球吊掛半空，孩子就超級開心！只要把氣球吊掛起來，孩子就能雀躍地伸手觸碰的遊戲。體能遊戲能促進動態視覺，也有助顏色認知與手指發展。建議用好撕開方便使用的塑膠繩。

對象	**2歲~** **(1歲半~)**	材料	・氣球 ・塑膠繩

製作方法

① 將氣球充氣。
② 用長條塑膠繩綁緊氣球吹氣口。
③ 調整吊掛在天花板的高度，讓孩子可以用手觸碰到塑膠繩與氣球就完成了。

Point：在氣球畫上五官，孩子會很喜歡喔！

教授者) スウさん ⊙ Instagram @ suu.333

拉拉紙箱車

小孩子一見就想鑽進去的紙箱。雖然可以當作車子，但是卡卡的不太好滑行。可以在箱底貼上表面光滑的墊子。加上棉繩就算有高低差也能順暢滑行，孩子遊戲的同時還兼打掃地板。就算紙箱毀損，墊子也能重複使用。

對象	**1歲～**	材料	・紙箱 ・美工刀 ・表面光滑的墊子	・大力膠帶 ・棉繩 ・裝飾用貼紙與彩色筆

製作方法

① 用美工刀切除紙箱上蓋部分，切面貼上大力膠帶防護。

② 墊子花滑的表面朝外，另一面用大力膠帶黏住四邊緊貼紙箱底部。

③ 擇紙箱一短面於兩側與左右側面前方各打上一個洞，穿過棉繩，尾端打繩結固定在紙箱兩側。

④ 貼上喜歡的貼紙、畫一些圖案裝飾就完成了！

教授者
りっきーさん　Ⓞ Instagram @ ouchi_monte ryoiku

氣球排球

這是在疫情嚴重的自我約束期間，因為公園等公共場所關閉，可以活動身體機會縮減而展開的遊戲。 因為在遊戲過程中，能透過不斷提議「下次玩藍色氣球」、「讓兩個氣球都不要掉下來」等新玩法 ， 是能玩很久也不感到無聊的遊戲。 不限年齡、性別，是能全家同樂的遊戲。

對象	2,3歲～	材料	・氣球

製作方法
① 只準備一個氣球也可以玩！
增加氣球數量與顏色可以更多人參與。
比較大的孩子也可以把氣球懸掛半空，玩跳跳拍拍樂♪

第**6**章

激發創造力與想像力 手工藝‧藝術 遊戲

「手工藝‧藝術遊戲」的魅力在於，不僅能激發孩子創造力、提升手部指頭靈活度，還能把成品進行再創造。或許能開啟新的篇章呢！

在手工藝 · 藝術遊戲過程中創造故事吧！

遊戲重點

一舉兩得！享受製作手工藝 · 藝術品過程還能用來遊戲

第六章介紹的遊戲方法，能體會雙重樂趣。其一是依照自己想法製作作品，其二是利用成品進行遊戲。與第五章介紹的「體能遊戲」一樣，是能一舉兩得的遊戲。

孩子在「製作」的過程既有趣又好玩，透過專注於作業，創造力從而發展。書寫、裁剪、黏貼既能鍛鍊基本手部活動，也可以學習如何使用鉛筆與剪刀等工具。就算是難以進行手工藝・藝術遊戲的 0 歲兒，也能用成品來遊戲。適合的年齡層廣泛，是手工藝・藝術遊戲一大魅力。

在使用成品進行遊戲時，除了創造力，還需要「想像力」。可以讓孩子從自己的手工藝品或藝術品發想故事。再從故事中不斷創造出新的人物或動物等登場角色。透過故事想像與連結，也是養成理解他人感受之同理心的重要經驗。

參與的家長

用手工藝 · 藝術遊戲來創造故事

對於尚無法獨立製作的孩子，請家長在合理範圍內協助製作。其成品可以給孩子用來進行遊戲。

而已經能獨立製作的孩子，請準備好容易製作之環境（地點、道具與材料）。而且，不是只有跟孩子說明製作方法，請在遊戲過程中時不時提出問題。像是玩「壓壓點點來畫畫」時，如果是畫「秋天的樹木」時，可以問孩子「為什麼會用這個顏色呢？」，而玩「透光蝴蝶」時，則可以問「這是怎樣的蝴蝶呢？」。藉由對話交流，孩子能學會賦予製作品意義，並享受意義與意義相連結的樂趣。這正是進行「手工藝・藝術」製作與遊戲時，能激發孩子創造力與想像力的原因。

在各種手工藝品與藝術品環繞下，要是能創造出孩子獨有的故事並延伸開展就太好了！

教授者　さとこさん　⭕ Instagram @ littlestarsenglish_sapporo

壓壓點點來畫畫

只要用簡易自製點點畫筆來壓壓點點，色彩繽紛的秋樹就完成了！要訣是使用瓶身大小適合孩子抓握的小優酪乳空瓶。有助孩子學習手部控制與色彩認知。

對象 **2～3歲**

材料
・小優酪乳空瓶
・美術海綿／廚房用海綿（厚度 5-10 公釐）
・橡皮圈
・水彩顏料
・水
・繪圖紙
・摺紙（棕色）
　※ 用來作樹幹
・剪刀
・黏膠

製作方法

① 將顏料與水放入容器調勻，顏色越深蓋印的效果越好。

② 把容器蓋子轉開，用海綿完整覆蓋瓶口再用橡皮圈套牢。若是使用廚房用海綿，可從網層內取出海綿，裁切約 5x5 公分正方形。

③ 將棕色摺紙剪成樹幹狀，貼在繪圖紙上。

④ 讓孩子用裝著黃色、棕色與橘色顏料的點點筆在樹幹四周壓壓點點吧！

創造力　應用力　匠心巧思

投入程度 ★ ★ ★　　難易程度 ★ ★ ★

教授者

さとこさん　⊙ Instagram @ littlestarsenglish_sapporo

壓花藝術裝飾

利用生活百貨商店能買到的自黏式護貝膠膜來製作壓花藝術。 先將壓花依照繪圖擺放好，再用撿來的小樹枝裱框。 藉由使用孩子在外出散步時，自己所摘取的花朵來製作，能培養觀察力與親近自然四季的心理，還能製造與寶貴間的回憶喔。

| 對象 | **2~3**歲 | 材料 | ·壓花
·自黏式護貝膠膜 | ·白膠
·小樹枝 |

製作方法

① 將所製壓花安排在喜歡的位置上，依序黏在自黏式護貝膠膜上。

② 仔細黏合好，將膠膜切塊。

③ 把小樹枝作成框架，用白膠黏在膠膜塊邊緣。 也可以附上細麻繩用來裝飾與吊掛。
（照片右上為附細麻繩）

教授者　さとこさん　📷 Instagram @ littlestarsenglish_sapporo

搖搖小遊艇

從尚未翻身到能短暫坐起(6至7月大)嬰兒也能自行玩耍的玩具。利用紙盤曲線作成能搖擺的玩具，即使是嬰兒的力量都能擺動玩耍。很適合嬰兒厭倦手持玩具，或是回家看父母玩具比較少的時候。

對象

純遊戲
0歲~

製作遊戲
3歲~

材料

・紙盤 1枚
・摺紙兩張(用來當海水的藍色、裝飾遊艇的紅色等)
・圓形貼紙

・透明膠帶
・黏膠
・剪刀
・彩色畫紙

製作方法

① 將紙盤對折。

② 用摺紙製作船帆部分。先摺成三角形，再對折成直角三角形。依照圖示將虛線部分剪下後，用透明膠帶黏合。

③ 把②的兩個船帆黏在紙盤上，在貼上◎圓形貼紙與救生圈插圖後，讓它看起來像艘小遊艇。

④ 用彩色畫紙作成海洋就完成了！

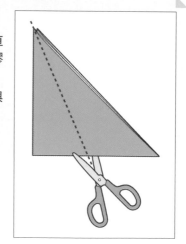

創造力

教授者　さとこさん　　Instagram @ littlestarsenglish_sapporo

摺紙雨傘

用生活百貨商店就能買到的透光玻璃色紙與毛根，就能作出仿真迷你雨傘。裝飾在窗緣會閃閃發光非常漂亮。掛在天花板因會搖晃閃爍，能促進動態視力發展。

對象

純遊戲
0歲~

製作遊戲
4歲~

材料
・透透光玻璃色紙
・毛根

・剪刀
・黏膠

製作方法

① 透光玻璃色紙畫上圓形記號，以此裁切成圓形。建議可以用小碗之類圓口來描邊。

② 如圖示將圓形紙反覆對折，使其出現8等分摺痕。

③ 將一個摺痕剪開，然後把兩側黏合。

④ 在鄰近的傘珠與雨傘間剪出半圓形。

⑤ 在頂端處小洞，穿過毛根作成傘柄就完成了。內側再貼上透明膠帶的話就能更牢固。

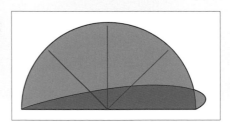

教授者　ちゃみさん　◯ Instagram @ charmytoko

可愛的紙盤小天使

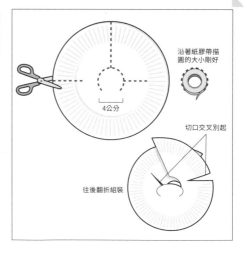

用紙盤做成可愛小天使的娃娃。很適合用來裝飾聖誕樹！或者當作蒙式嬰兒吊飾也很可愛。
要製作成嬰兒吊飾的時候，若使用容易辨識的顏色以及仔細繪製臉部細節會更有效果。

對象	2~3歲	材料	・紙盤一枚（15-18公分） ・金色毛根 ・貼紙與筆

製作方法

① 先在紙盤表面打草稿，用紙膠帶外側來描圓大小剛好。（譯者注：若希望同上圖照片，有天使的雙手，則需多畫一外圓並剪開。）

② 沿著稿線剪開，往後翻彎交叉別起，中間圓形為天使的臉。

③ 用毛絨鐵絲作成天使光環插在背面。

④ 在鄰近的傘珠與雨傘間剪出半圓形。

⑤ 最後用貼紙與筆裝飾成可愛模樣就完成了。

沿著紙膠帶描圓的大小剛好

4公分

切口交叉別起

往後翻折組裝

應用力

創造力

教授者 ｜ ちゃみさん　⊙ Instagram @ charmytoko

光影蝴蝶

當光透過裁剪好形狀的彩色玻璃紙時就會出現蝴蝶。 在孩子開始對顏色感興趣的時候不妨試試。 告訴孩子顏色名稱 ，讓他們自己移動蝴蝶，與其他顏色蝴蝶重疊看看。 讓孩子親眼看到色光混合是一大要點。

對象 **3歲~**

材料
· 黑色圖畫紙
· 彩色玻璃紙
· 大的長尾夾

· 剪刀
· 黏膠

製作方法
① 按圖示裁剪黑色圖畫紙 ，剪成像是半隻蝴蝶的模樣。
② 彩色玻璃紙剪成比翅膀部分稍大的區塊，用黏膠貼合。
③ 蝴蝶腹部處用長尾夾夾住就完成了！

完成！

教授者　Chiemi Oishi さん　🅾 Instagram @ toto.babymom

會動的交通工具

試著裝飾衛生紙捲筒來做成交通工具吧!只要改變捲筒的形狀，就能製成各種交通工具。 也可以把吸管黏在紙筒裡面，就能像照片那樣穿過繩子來遊戲。 只要家長先作好交通工具，就算是0歲兒也能玩耍。

| 對象 | 純遊戲
0歲~
製作遊戲
2歲~ | 材料 | ·衛生紙捲筒
·花紋貼紙 (或是摺紙與黏膠) | ·吸管
·細繩 |

製作方法

① 藉由壓扁、裁切衛生紙捲筒來塑形。

② 用花紋貼紙裝飾，交通工具就完成了。

③ 若在交通工具內側黏上吸管，再穿過細繩，能享受在房間移動交通工具樂趣的遊戲就完成了!

教授者
Chiemi Oishi さん ⓘ Instagram @ toto.babymom

喀擦！喀擦！剪頭髮

只需要一個紙袋就可以用剪刀盡情玩耍的遊戲。能練習使用剪刀，還能玩理髮師扮家家酒。透過這個遊戲，孩子能更容易理解裁剪是改變形狀的行為。而且還有材料的紙袋取得容易這個優點！除了紙袋，也可以試試用信封來進行。

對象	**2歲後半~**	材料	·紙袋 ·剪刀	·麥克筆

製作方法

① 紙袋一面畫上五官。

② 紙袋下半部約留高10公分，再把上半部剪成一條條頭髮模樣就完成了。

③ 讓孩子們剪成喜歡的長度吧。

> Point：在頭髮部分繫上毛線就能練習剪紙以外的東西。

教授者　りっきーさん　🅞 Instagram @ ouchi_monte_ryoiku

咚咚手搖鼓

用6塊裝三角起司空圓盒製成的手作玩具。目標對象設定為10月個～1歲左右的孩子所製作。
在搖鼓時能大量運動手腕，目光也會追隨晃動珠珠。 因此這款遊戲也有體能遊戲的要素，
就發展的角度來說也十分推薦。

對象
純遊戲
10個月
製作遊戲
3歲~

材料
・6塊裝三角起司空圓盒
・串珠
・摺紙
・冰棒棍
・料理用棉繩 / 彈性繩
・電工絕緣膠帶（補強用）
・美工刀
・黏膠

製作方法
① 準備兩張摺紙貼在6塊裝三角起司空圓盒的蓋子與底部（照片的背面為綠色）
② 蓋子兩側各開一個小洞並穿過繩子。
③ 用冰棒棍作手搖鼓的把手，在蓋子底側開個孔穿入冰棒棍。
④ 把②穿過去棉繩前端打結，若是彈力繩則串上珠珠就完成了。

正向思考　創造力

教授者　ゆみのすけさん　📷 Instagram @ mama.nosuke

會浮現圖案的神奇廚房紙巾

用滴管把水滴在廚房紙巾，就會浮現圖畫的遊戲。這是萬聖節的時候，在構思「該不該來玩些有趣的遊戲」而誕生的遊戲。孩子對於為何滴水就會出現圖案感到疑惑，有助培養其探索力。

對象	1歲~	材料	·廚房紙巾	·食用色素
			·廣告顏料(白色)	·調理盤
			·水	·滴管

製作方法

① 在廚房紙巾上，建議用白色的廣告顏料繪製喜歡的圖案，因為白色在光線下很顯眼。

② 畫好之後，把廚房紙巾放在調理盤上。

③ 這樣就完成了。用滴管把彩色水滴在廚房紙巾上，就會浮現出白色廣告顏料繪製的圖案。

第 **7** 章

刺激五感的觸覺遊戲

支配五感的腦部在3歲前會急速發育。 建議父母不妨在
家中與孩子一同體驗刺激五感的遊戲吧。

促進成長與發展、刺激五感的觸覺遊戲

遊戲重點　在家中也可以製造感官刺激！

　　在 3 歲前，掌管五感的腦部會急速發展。所謂五感係指「視覺、聽覺、味覺、嗅覺與觸覺」五種感官的感知，刺激它們對於成長與發展具有重大意義。新生兒視力不到 0.1，而隨其接觸外界刺激而逐漸發展。新生兒從擁抱、對話、吃飯等日常活動獲得刺激，從而發展五感。

　　雙親是否曾允許孩子長時間使用平板電腦作為在家遊戲的一種方式呢？看影片與玩遊戲可以刺激視覺與聽覺。但是，就觸覺部分而言，因為孩子一直拿著表面光滑的平板，導致孩子在成長過程中沒有獲得觸覺刺激。

　　摸一摸濕滑與粗糙的東西、赤腳走走路、聞聞草地的味道、時不時仰望天空的顏色──這些行動都能給予孩子五感各種刺激。在此介紹能在遊戲中製造出這些刺激的方法。

參與的家長　藉由親子一同遊戲，能提高孩子參與意願！

　　若孩子似乎能順利進行「觸覺・感覺統合遊戲」，請雙親在旁繼續留意即可。倘若是親子一起遊戲，家長應先用自身五感充分體會感受，然後務必要用言語或表情向孩子傳達這些感受。　例如，對於「鬆軟黏糊史萊姆」，在家長握住或拉開時說到「哎呀！這什麼觸感啊？好像是○○○喔！」，這種反應會讓孩子很樂意加入。面無表情或是毫無反應都是不行的，作出反應非常重要。然後，請與孩子討論五感感受到的刺激，透過親子間分享「這個是不是很像 □□□？」，孩子也能確認自己感受的感覺。

　　最重要的是，親子一同的話，孩子在體驗新的觸感時也能安心。這份安心感也會激發孩子「想要體驗更多新的觸感」的興致吧。當然，因為是在合理的範圍內，請試試一同盡情玩樂喔。

教授者 スウさん　◉ Instagram @ suu.333

鬆軟黏糊史萊姆

鬆鬆軟軟、黏黏糊糊的觸感，讓人忍不住一直想摸。試著製作各種顏色、又揉又拉的玩耍吧。
遊戲的時候，請在旁注意勿讓孩子放進嘴裡。大人或許也會沉迷在反覆揉捏中釋放壓力。

對象	3歲~	材料	・溫水 1/2量杯 ・硼砂 4g ・洗衣精 100ml	・液體肥皂 15g ・食用色素

製作方法

① 硼砂倒入溫水中充分混合。
　Point：倒入醬汁瓶裡搖晃很方便！
② 用新的容器加入洗衣精、液體肥皂與食用色素3滴充分混合。
③ 將①加入②約6～8滴，請注意不要加太多，充分混合就完成了。

教授者 ＞ スウさん　　◎ Instagram @ suu.333

自製顏料

對於一般市售顏料會有灑出與誤食等疑慮。 但因這是使用麵粉與食用色素所來製作，能無須擔憂安心暢玩。 除了以畫筆、手指來描繪外，用棉花棒也很有趣。 有食物過敏的孩子需特別注意。

對象	2歲~	材料	·麵粉100g ·水100ml	·食用色素 ※ 可直接使用的是液體、凝膠類型 ※ 調整深淺建議用粉末類型

製作方法　將麵粉、水與食用色素充分混合即可完成。
　　　　　Point：可以用棉花棒之類物品代替畫筆。

行動力

創造力

匠心巧思

教授者

ゆみのすけ さん　　🅞 Instagram @ mama.nosuke

彩虹蕨餅

來製作光看就讓人雀躍的彩虹蕨餅吧。用小小孩也能簡單製作的甜點配方，在幫忙製作的同時能享受黏滑手感的趣味喔。若把染成七彩的蕨餅串起來則十分漂亮好看。

對象	3歲~

材料
・市售蕨餅
・容器
・小量分裝的刨冰糖
・碳酸水或蘇打水（譯註：氣泡水）

製作方法
① 容器倒入刨冰糖漿後，放入蕨餅浸泡。
② 接拿去冰箱冷藏約一小時。
③ 在透明杯裡放倒入蕨餅與氣泡水就完成了！
Point：也可以加入喜歡的冰淇淋喔！

教授者
ゆみのすけさん　　◎ Instagram @ mama.nosuke

來玩Q彈果凍吧！

Q彈果凍的觸感以及與顏色混合的遊戲，能給予孩子五感充分的刺激。 萬一放入嘴裡也沒關係，要訣是使用食用色素以及事先準備好水的果凍。 在我家是在空容器裡放果凍後，我扮演刨冰店老闆說「刨冰喔～～」，然後讓孩子享受隨意攪碎的手感趣味。

對象	0歲～

材料	·明膠　　·食用色素
	·水　　·滴管
	·容器　　·湯匙 (沒有也沒有關係)

製作方法
① 明膠與溫水放入調理盆中，使其融化。
② 把①倒入準備好的容器中，拿去冰箱冷藏作成水果凍。
③ 把凝固好的水與調入食用色素的水用湯匙挖著玩！
④ 來好好享受用湯匙挖、用手抓的 Q 彈觸感吧！

Point：建議製作偏硬的果凍。

客觀
思考力　應用力　創造力

投入程度 ★ ★　　難易程度 ★

教授者 ⟩ ちゃみさん　🔘 Instagram @ charmytoko

雙色寶特瓶

試著在家輕鬆製作蒙特梭利也有的玩色教具吧。這是利用油水分離特性的玩具，搖晃裝入兩色水的寶特瓶過一段時間就會分離。這個過程會刺激孩子視覺並提高色彩知覺。

對象 **2歲半~**
※ 即便是無法辨別顏色的0歲兒也能玩樂

材料
・小容量寶特瓶(像是明治 R1 優酪乳，約 112ml)
・嬰兒油
・水
・水性染料
・油性染料 (透明蠟燭用顏料)
・塑膠用接著劑
・紙杯

製作方法
① 在 40ml 嬰兒油內滴入適量油性染料，並在同為 40ml 水中滴入適量水性染料。
　　Point：為能色油與色水顏色深淺一致，請邊確認邊少量添色調整。
② 先注入色水至寶特瓶一半，再注入色油，調整為 1:1。
③ 最後拴緊寶特瓶蓋並塗上接著劑即完成！

第7章
觸覺遊戲

74

投入程度 ★　　難易程度 ★

教授者　Chiemi Oishi さん　🄾 Instagram @ toto.babymom

敲碎蛋殼

把雞蛋殼敲碎的感覺遊戲。請把洗好的蛋殼徒手敲敲看，應該會體會到不曾有過有趣觸感。不光是徒手，用玩具錘子或膠袋芯來敲也很棒！把蛋殼裝在密封袋的話，不僅收拾方便也很容易玩喔。

| 對象 | **0** 歲 | 材料 | ·蛋殼
·用來敲擊的玩具槌子或是保鮮膜的筒芯 | ·應備妥之物品(瓦楞紙、保鮮膜) |

製作方法

① 備妥洗淨晾乾的蛋殼。

② 徒手或使用道具，盡情地啪拉啪拉敲碎。

Point：用手敲碎後，可以用腳嚓啦嚓啦踩踏來體會各種感受吧。

該怎麼整理呢？

向 Instagram 達人們請教解決育兒問題的要訣"Q&A"。
第三回的主題是關於「整理收拾」，達人提供能讓孩子自己主動整理的方案。

分門別類一起整理

把玩具收納箱進行分類。 要是這樣孩子還是不太明白的話，可以指示具體位置，並跟他說「這個是那邊嗎？」、「這個放到這邊喔」，這樣孩子就能不困惑一起整理了喔。

よぴこさん @iku_tano_box_148

硬是保持原狀

果斷地不整理，忍耐著讓散亂擴大，藉此期待擴展遊戲的格局。

Chiemi Oishi さん @ toto.
babymom

以孩子的角度思考

決定用一個種類裝一個盒子，這樣孩子就能毫不猶豫收好。 而考慮玩具的分類，也能提升自主性。

同時享受樂趣

將蔬果收在用生活百貨店材料製成的陳列架上。 因為架子是傾斜的，很容易看到，孩子在排放時看起來很雀躍。 即便是一歲大的幼兒也能開心收納。

ちゃみさん @charmytoko

後　記

「在家遊戲的方法」各位覺得怎麼樣呢？

如本文開頭所提到的，遊戲也被稱作「沒有目的的教育」，對語言與數字、身體與五感以及人際關係等諸面向帶來教育成效。 但是必須注意，當過於強調培育這些能力的時候，對孩子而言已不再是遊戲了。 說到底就是開心玩樂的結果，讓各種能力獲得提升而已。

而如前幾章所述，在家長參與部分共同點，就是向孩子提供資訊與遊戲時留心注意。 最重要的是，家長要愉快享受孩子開心的模樣，我認為這是最要緊的。 如果家長想的是「總之我必須跟孩子玩…」，孩子反倒無法享受快樂的遊戲趣味，所以家長先向孩子展現自身享樂遊戲的姿態吧！

以下本書介紹了幾項可望培養的能力，如「貫徹力」、「耐心」、「積極性」、「正面思考」等。 這些能力被稱為無法通過試驗測出的「非認知能力」，近幾年越來越受到關注。 今後的時代，學習能力固然重要，與此同時我們也需要發展「心理」或「情感」。 否則，我們將很難處理像是如何正確掌握 AI（人工智能）或應對新冠疫情等無法預測的情況。此外，非認知能力的共同點是無法藉由大人來教育培養，正因如此，孩子藉由體驗各種遊戲或沉浸在某個遊戲過程中，讓其自主發展是最好的。

好了，通過本書各位應該完成不少「遊戲方法」了吧，有件事想拜託各位。遊戲的方法當然不會就這樣結束，反而可以說現在才是開始吧。請各位之後試著成為遊戲製作者，把這次遊戲方法延伸發揮也好，或是創造全新的方法也可以，或是製作4歲以後的幼兒可以玩的遊戲也不錯。再把各位製成的遊戲方法不斷向世界傳遞吧！這必會給孩子們帶來幸福的啊！

監修　中山 芳一

引用文獻・參考文獻

・しののめモンテッソーリ子どもの家、中山芳一主編，《非認知能力を伸ばすおうちモンテッソー
　　リ77のメニュー》，東京書籍出版，2020年。

・田中真介主編、乳幼児保育研究会編集，《発達がわかれば　子どもが見える─0歳から就学
　　までの目からウロコの保育実践》，ぎょうせい出版，2009年。

・J. ヴォークレール著、明和政子監譯、鈴木光太郎譯，《乳幼児の発達＿運動・知覚・認知》，
　　新曜社，2012年。

【監修】

中山 芳一

岡山大學教育推進機構副教授

專攻教育方法學。 1976年1月生，日本岡山縣人。

從事大學生職涯諮詢教育外， 也致力於提升幼兒乃至中小學、高中生等各年齡層孩子與青少年非認知能力與後設認知能力。

此外， 也參與許多針對在職人士的回流教育以及全國地各地產、官、學、法人機構的教育計畫設計。

基於從事學童保育現場逾9年的實務經驗， 他的座右銘為「實踐本位研究」

《玩出無限潛力的 0-3 歲五感遊戲書：日本最強部落客媽咪設計的 50 個啟蒙刺激，讓孩子越玩越聰明》

監　　　修 / 中山 芳一
主　　　編 / 蔡月薰
翻　　　譯 / 陳芷盈
企　　　劃 / 蔡雨庭
封 面 設 計 / 楊雅屏
內 頁 編 排 / 郭子伶

總編輯 / 梁芳春
董事長 / 趙政岷
出版者 / 時報文化出版企業股份有限公司
108019 台北市和平西路三段 240 號 7 樓
發行專線 / (02)2306-6842
讀者服務專線 / 0800-231-705、(02)2304-7103
讀者服務傳真 / (02)2304-6858
郵撥 / 1934-4724 時報文化出版公司
信箱 / 10899 台北華江橋郵局第 99 號信箱
時報悅讀網 / www.readingtimes.com.tw
電子郵件信箱 / books@readingtimes.com.tw
法律顧問 / 理律法律事務所 陳長文律師、李念祖律師
印 刷 / 勁達印刷有限公司
初版一刷 / 2024 年 1 月 12 日
定　　　價 / 新台幣 360 元

時報文化出版公司成立於一九七五年，並於一九九九年股票上櫃公開發行，
於二〇〇八年脫離中時集團非屬旺中，以「尊重智慧與創意的文化事業」為信念。

玩出無限潛力的 0-3 歲五感遊戲書：日本最強部落客媽咪設計的
50 個啟蒙刺激，讓孩子越玩越聰明 / 中山 芳一監修 . -- 初版 . --
臺北市：時報文化出版企業股份有限公司，2024.01
　　面；　公分
ISBN 978-626-374-722-7(平裝)

1.CST: 育兒 2.CST: 親子遊戲

428.82　　　　　　　　　　　　　　　　112020711

3 SAI MADE NO KANTAN OUCHIASOBI RECIPE 50
Copyright © 2022 Yoshikazu Nakayama
Chinese translation rights in complex characters arranged with
JMA MANAGEMENT CENTER INC.
through Japan UNI Agency, Inc., Tokyo